BEI GRIN MACHT SICH IHR WISSEN BEZAHLT

- Wir veröffentlichen Ihre Hausarbeit, Bachelor- und Masterarbeit

- Ihr eigenes eBook und Buch - weltweit in allen wichtigen Shops

- Verdienen Sie an jedem Verkauf

Jetzt bei www.GRIN.com hochladen und kostenlos publizieren

Bibliografische Information der Deutschen Nationalbibliothek:

Die Deutsche Bibliothek verzeichnet diese Publikation in der Deutschen Nationalbibliografie; detaillierte bibliografische Daten sind im Internet über http://dnb.d-nb.de/ abrufbar.

Dieses Werk sowie alle darin enthaltenen einzelnen Beiträge und Abbildungen sind urheberrechtlich geschützt. Jede Verwertung, die nicht ausdrücklich vom Urheberrechtsschutz zugelassen ist, bedarf der vorherigen Zustimmung des Verlages. Das gilt insbesondere für Vervielfältigungen, Bearbeitungen, Übersetzungen, Mikroverfilmungen, Auswertungen durch Datenbanken und für die Einspeicherung und Verarbeitung in elektronische Systeme. Alle Rechte, auch die des auszugsweisen Nachdrucks, der fotomechanischen Wiedergabe (einschließlich Mikrokopie) sowie der Auswertung durch Datenbanken oder ähnliche Einrichtungen, vorbehalten.

Impressum:

Copyright © 2017 GRIN Verlag
Druck und Bindung: Books on Demand GmbH, Norderstedt Germany
ISBN: 9783668752955

Dieses Buch bei GRIN:

https://www.grin.com/document/429048

Selin Kilic

CE-Kennzeichen an Bauprodukten. Kennzeichnungen und Gütesiegel im Überblick

GRIN Verlag

GRIN - Your knowledge has value

Der GRIN Verlag publiziert seit 1998 wissenschaftliche Arbeiten von Studenten, Hochschullehrern und anderen Akademikern als eBook und gedrucktes Buch. Die Verlagswebsite www.grin.com ist die ideale Plattform zur Veröffentlichung von Hausarbeiten, Abschlussarbeiten, wissenschaftlichen Aufsätzen, Dissertationen und Fachbüchern.

Besuchen Sie uns im Internet:

http://www.grin.com/

http://www.facebook.com/grincom

http://www.twitter.com/grin_com

Zulässige Bauprodukte auf deutschen Baustellen. Welche Gütesiegel müssen auf den Produkten bzw. Verpackungen vorhanden sein, damit die Zulässigkeit gewährleistet ist ?

Semester: Wintersemester 2017/2018

Fach: Baumanagement

Studiengang:
Wirtschaftsingenieurwesen Bau

Name:
Selin Kilic

Inhaltsverzeichnis

1 Kennzeichnungen und Gütesiegel im Überblick 1
   1.1 Das Ü-Zeichen 1
      1.1.1 Neue Regelung für das Ü-Zeichen 1
         1.1.1.1 Hinweise für die Prüf- Überwachungs- und Zertifizierungsstellen 2
   1.2 Die CE-Kennzeichnung 2
      1.2.1 Definition 3
      1.2.2 CE-Kennzeichnung am Beispiel von Fenstern 3
         1.2.2.1 Prüfungen 6
         1.2.2.2 Technische Dokumentation 6
         1.2.2.3 Leistungserklärung 7
      1.2.3 Nichteinhaltung einer vorgeschriebenen CE-Kennzeichnung 8
   1.3 DAS RAL Gütezeichen 8
Glossar 10
Quellenverzeichnis 11

Abbildungsverzeichnis

Abbildung 1 Das Übereinstimmungszeichen für Bauprodukte 2
Abbildung 2 Schritte zum CE-Kennzeichen 4
Abbildung 3 Die CE-Kennzeichnung 8

1 Kennzeichnungen und Gütesiegel im Überblick

Wenn man als Verbraucher vor wichtigen Entscheidungen steht, wie dem Bau oder Kauf eines Hauses, dann können Informationen und Orientierungshilfen aus neutralen Quellen sehr hilfreich sein. Bestimmte Siegel spielen hier eine nützliche und wichtige Rolle für den Bauherren. Es gibt eine Vielzahl von Gütesiegeln und Kennzeichnungen auf dem Markt, welche sich grob in zwei Gruppen unterteilen lässt: Als Erstes die Kennzeichnung, die nach technischen Kriterien vergeben werden und zwingend erforderlich sind für das Inverkehrbringen aller sicherheitsrelevanten Bauprodukte. Hierzu gehören das Übereinstimmungszeichen (Ü-Zeichen) sowie das Konformitätszeichen der Europäischen Gemeinschaft (CE-Zeichen). Ebenfalls vorwiegend nach technischen Gesichtspunkten verleiht das Deutsche Institut für Gütesicherung und Kennzeichnung e.v. das RAL-Gütezeichen an geprüfte Bauprodukte.[1]

1.1 Das Ü-Zeichen

Das Ü-Zeichen ist ein nationales nur in Deutschland gültiges Bestätigungszeichen. Nach der Bauregelliste benötigten bis Oktober 2016 bestimmten von harmonisierten Europäischen Normen erfasste und mit einer CE-Kennzeichnung versehene Bauprodukte zusätzlich ein deutsches Übereinstimmungszeichen (abgekürzt: Ü-Zeichen). Dieses Ü-Zeichen (siehe Abbildung 1) diente zur Sicherstellung der Qualität von Bauprodukten zum Schutz der Allgemeinheit und der Umwelt.[2] Das Ü-Zeichen wies als sichtbares Zeichen drauf hin, dass die Verwendung der Bauprodukte im jeweiligen sicherheitsrelevanten Bereich zulässig ist und somit über die Einstimmung mit einer technischen Regel oder z. B. einer bauaufsichtlichen Zulassung des Bauproduktes verfügt. Das Ü-Zeichen für Bauprodukte wird vom Deutschen Institut für Bautechnik (DIBt) vergeben und bestätigt, dass das Bauprodukt mit der Kennzeichnung des Ü-Zeichens mit dem bauaufsichtlich zugelassenen Produkt übereinstimmt. Für betroffene Bauprodukte ist weiterhin die die Erteilung einer bauaufsichtlichen Zulassung und die Kennzeichnung mit dem Ü-Zeichen Voraussetzung für den Zugang zum deutschen Markt.[3]

1.1.1 Neue Regelung für das Ü-Zeichen

Der Europäische Gerichtshof hat am 16. Oktober 2014 entschieden, dass die doppelte Kennzeichnung von bestimmten Bauprodukten mit CE- und Ü-Zeichen gegen europäisches Recht verstößt. Die Bundesrepublik hat angekündigt, Konsequenzen aus diesem Urteil zu ziehen und das deutsche Bauordnungsrecht innerhalb von zwei Jahren anzupassen. Das Urteil untersagt Deutschland aus Wettbewerbsgründen für bestimmte Produktgruppen („Rohrleitungsdichtungen aus thermoplastischem Elastomer", „Dämmstoffe aus Mineralwolle" und „Tore, Fenster und Außentüren")[4] die doppelte Kennzeichnung des Ü-Zeichens und der CE-Kennzeichnung. Ob der Hersteller nach Vorgabe der Landesbauordnungen sein Bauprodukt mit einem Ü-Zeichen kennzeichnen muss, wenn er dies nur auf den nationalen Markt in Verkehr bringen will, kann er aus der Bauregelliste A entnehmen[5]. Bauprodukte, die für den europäischen Markt bestimmt sind, benötigen nach der EU-Bauproduktenverordnung eine CE-Kennzeichnung. Eine Doppelkennzeichnung ist für den europäischen Markt

---

[1] Vgl. „Qualitätssiegel für Bauprodukte: Welche Siegel bedeuten was?", in https://www.baulinks.de/webplugin/2004/0445.php4

[2] Vgl. Viviane Körner. „Qualität ohne Ü-Zeichen, ist das möglich?", in https://www.cmshs-bloggt.de/oeffentliches-wirtschaftsrecht/qualitaet-ohne-ue-zeichen-ist-das-moeglich/ Stand: 03.11.2016

[3] Vgl. „Das U-Zeichen", in https://www.eurofins.com/consumer-product-testing/information/compliance-with-law/european-national-legislation/german-voc-regulation/german-voc-regulation-german-version/agbb-und-dibt/das-ü-zeichen/

[4] Expertengespräch: Oberbauleiter, Kreuzbusch, Fred

[5] Vgl „Bauregellisten/Technische Baubestimmungen", http://www.dibt.de/de/Geschaeftsfelder/BRL-TB.html

für kein Produkt mehr möglich.⁶ Daher wird das Ü-Zeichen ab dem 16. Oktober 2016 für bestimmte Bauprodukte abgeschafft.⁷ Für viele Hersteller ist es ein Vorteil, die noch gültigen Zulassungen mit Ü-Zeichen als Marketing-Argument gegen Produkte ohne diese Zulassung einzusetzen, wobei die neuen Produkte auf dem Markt diese Möglichkeit nicht mehr haben.⁸

Abbildung 1 Das Übereinstimmungszeichen für Bauprodukte⁹

1.1.1.1 Hinweise für die Prüf- Überwachungs- und Zertifizierungsstellen

Mit der Abschaffung des Übereinstimmungszeichens entfällt auch die Pflicht, die bisher nach den Landesbauordnungen für diese Bauprodukte anerkannten Prüf-, Überwachungs- und Zertifizierungsstellen einzuschalten. Für die Übereinstimmungszertifikate und allgemeinen bauaufsichtlichen Prüfzeugnisse, die bereits vor dem 16.10.2016 ausgestellten wurden, ist es nicht erforderlich die Geltungsdauer anzupassen. Dabei gilt, dass neue Übereinstimmungszertifikate oder allgemeine bauaufsichtliche Prüfzeugnisse nicht mehr ausgestellt werden dürfen. Den betroffenen Überwachungs- und Zertifizierungsstellen ist es erlaubt, die bisherige Tätigkeit auf freiwilliger Basis weiterführen und freiwillige Bescheinigungen ausstellen. Damit keine Missverständnisse entstehen, wäre es zu begrüßen, wenn die bisher anerkannten Stellen ihre betroffenen Vertragspartner informieren, dass die Doppelkennzeichnung mit dem Ü-Zeichen für nach der Bauproduktenverordnung, CE-gekennzeichnete Produkte seit dem 16.10.2016 nicht mehr zulässig ist. Im Fall von vorhandenen Lagerbeständen muss die Ü-Kennzeichnung nicht nachträglich entfernt werden. Gleiches gilt grundsätzlich auch, soweit bereits Lieferscheine mit dem Ü-Zeichen erstellt wurden. Ist jedoch die Unkenntlichmachung der Ü-Kennzeichnung ohne einen größeren Aufwand möglich, ist eine solche durch beispielsweise das Durchstreichen der Kennzeichnung vorzunehmen.¹⁰

1.2 Die CE-Kennzeichnung

Für die Verwirklichung eines freien Warenverkehrs in der Europäischen Union und zum Abbau von Handelshemmnissen wurde in den achtziger Jahren die CE-Kennzeichnung für Produkte eingeführt. Bauprodukte, die

---

⁶ Vgl. „Rechtsgrundlagen", in http://www.dibt.de/de/DIBt/Rechtsgrundlagen.html
⁷ Vgl. https://www.dibt.de/de/DIBt/DIBt-EuGH-Urteil.html Stand: 12.12.2017
⁸ Vgl. „DIBt und U-Zeichen", inhttps://www.eurofins.com/consumer-product-testing/information/compliance-with-law/european-national-legislation/german-voc-regulation/german-voc-regulation-german-version/agbb-und-dibt/dibt-und-ü-zeichen-ablaeufe/ Stand: 23.11.2017
⁹ https://www.umweltbundesamt.de/sites/default/files/medien/378/publikationen/umwelt-_und_gesundheitsvertraegliche_bauprodukte.pdf
¹⁰ Vgl. https://www.dibt.de/de/Geschaeftsfelder/GF-P%C3%9CZ-Stellen-EuBauPVO.html

das CE-Kennzeichen tragen, wurden auf Grundlage einer europäischen Produktnorm hergestellt und geprüft und dürfen deshalb in der gesamten EU frei gehandelt werden. Die Hersteller haben also das Recht, ihr gekennzeichnetes Produkt in allen EU-Ländern in Verkehr zu bringen und zu verkaufen.[11]

Am 1.7.2013 tritt in ganz Europa eine neue Verordnung zu Bauprodukten in Kraft: Mit der neuen Bauproduktenverordnung, welche die Bedingung für das Inverkehrbringen, die Bereitstellung von Bauprodukten sowie deren CE-Kennzeichnung festlegt, werden die CE-Kennzeichnung und die Leistungserklärung Pflicht für den Hersteller.[12] Die CE-Kennzeichnungspflicht umfasst alle Bauprodukte, die von einer harmonisierten Norm erfasst sind. Die Normen, um die es sich im Einzelnen handelt, ergibt sich aus dem Verzeichnis der Europäischen Kommission, welches regelmäßig im EU-Amtsblatt bekannt gemacht wird.[13] Für die Produkte, die nicht unter die Bauproduktenrichtlinie fallen und für die es noch keine harmonisierten Normen gibt, ist die CE-Kennzeichnung nicht anzubringen.[14]

1.2.1 Definition

„Die CE-Kennzeichnung (Conformité Européenne, so viel wie „Übereinstimmung mit EU-Richtlinien") ist eine Kennzeichnung nach EU-Recht für bestimmte Produkte im Zusammenhang mit der Produktsicherheit."[15] Die CE-Kennzeichnung gilt weder als Gütesiegel noch als Qualitätszeichen.[16] Sie wurde geschaffen, „[...] um es den nationalen Marktüberwachungsbehörden zu ermöglichen, die (vom Hersteller behauptete) Konformität des Produkts mit den durch die jeweilige CE-Richtlinie europaweit harmonisierten Produktanforderungen zu überprüfen."[17] Mit der Kennzeichnung gibt der Hersteller also vor, dass das Produkt auf die Übereinstimmungen mit den Anforderungen einer oder mehrerer CE-Richtlinien überprüft wurde.[18] Mit der Konformitätserklärung erhält der Hersteller somit freien Marktzutritt im Europäischen Wirtschaftsraum. In diesem Zusammenhang könnte man die CE-Kennzeichnung auch als „[...] Reisepass für den europäischen Binnenmarkt"[19] betrachten.

1.2.2 CE-Kennzeichnung am Beispiel von Fenstern

Um ein CE-Kennzeichen anbringen zu dürfen muss für das jeweilige Bauprodukt eine harmonisierte Norm verfügbar sein. Wenn diese Anforderungen nicht erfüllt sind, darf das Bauprodukt nach der EU-Bauproduktenverordnung nicht mit der CE-Kennzeichnung versehen werden. Grundsätzlich ist der Hersteller derjenige, der verpflichtet ist, das CE-Kennzeichen an das entsprechende Bauprodukt anzubringen. Mit der Anbringung des CE-Kennzeichens für das jeweilige Bauprodukt, sollte der Hersteller angeben, dass er die Verantwortung für die Konformität des Produkts mit dessen erklärter Leistung übernimmt.[20] Die Berechtigung für die Anbringung des CE-Kennzeichens bekommt der Hersteller jedoch erst, wenn er die folgenden Schritte abgearbeitet hat:

---

[11] Vgl. http://www.baustoffwissen.de/wissen-ausbildung/praxis-ratgeber/allgemeines/ce-und-ue-was-bedeuten-diese-zeichen-auf-bauprodukten-bauproduktenverordnung-ce-kennzeichen-uebereinstimmungszeichen/ Stand: 16 November 2017

[12] Vgl. https://www.dibt.de/de/Fachbereiche/Referat_P3_Neues_EU-Recht.html Stand: 19. November 2017

[13] Vgl. Ebd.

[14] Vgl. http://www.pro-kunststoff.de/wp-content/uploads/2013/05/080201tm-06_ce-zeichen.pdf Stand: 19.11.12017

[15] Andre Schneider Zertifizierung im Rahmen der CE-Kennzeichnung S.19

[16] Vgl. Ebd.

[17] Volker Krey, Aren Capoor: Praxisleitfaden Produktsicherheitsrecht, S.181

[18] Vgl. Ebd.

[19] Volker Krey, Aren Capoor: Praxisleitfaden Produktsicherheitsrecht, S.181

[20] Vgl. BauPVo Art. 31

Die CE-Kennzeichnung

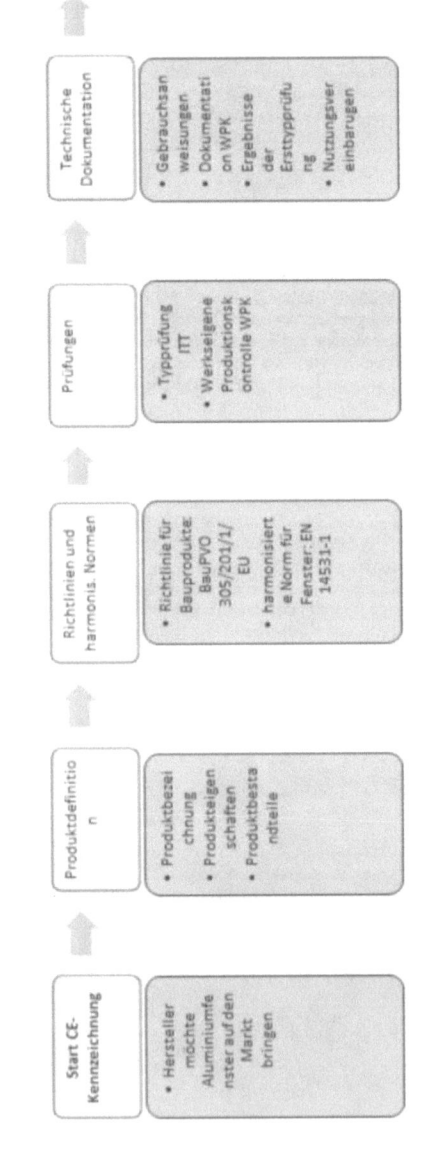

Abbildung 2 Schritte zum CE-Kennzeichen[21]

---

[21] Eigene Darstellung

Als Erstes sollte der Hersteller sein Produkt genau definieren. Um das zu erreichen sollte er folgende Punkte beschreiben:

- Produktbezeichnung
- Produkteigenschaften
- Produktbestandteile.[22]

Nachdem der Hersteller sein Produkt definiert hat, sollte er prüfen, welche Richtlinie dem Produkt zugeordnet wird und ob für das Produkt, welches er auf den Markt bringen möchte, eine harmonisierte Norm verfügbar ist. Als Richtlinie wird dem Produkt „Fenster" die Bauproduktenverordnung (Construction Products Regulation, kurz CPR), welche die Bauproduktenrichtlinie und das Bauproduktengesetz am 01.07.2013 abgelöst hat, zugeordnet.

Im nächsten Schritt sollte der Hersteller nun die harmonisierten Normen für sein Produkt ermitteln. Da die folgenden Schritte auf die harmonisierten Normen aufbauen, ist es wichtig, diesen Schritt sehr sorgfältig und gewissenhaft durchzuführen.[23] In diesem Fall ist für Fenster die die Produktnorm DIN EN 14531-1 als harmonisierte Norm vorhanden, daher verlangt die Bauproduktenverordnung verpflichtend die CE-Kennzeichnung für Fenster und Außentüren.[24]. Die Norm soll für ganz Europa vergleichbare Bedingungen für alle Fensterbauer schaffen. Die Norm gilt für alle Rahmenmaterialien, alle Öffnungsarten und alle Fensterformen, jedoch nicht für Fenster und Außentüren ohne Eigenschaften für Feuer und Rauchschutz.[25] In der Produktnorm für Fenster (DIN EN 14351-1) werden außerdem Produkte nach ihren Eigenschaften bewertet. Bei Fenstern sind dies 24 Eigenschaften, die durch ein unabhängiges Prüfinstitut nachgewiesen und im CE-Zeichen genannt werden müssen.[26] „Am Beispiel Fenster sind in der Leistungserklärung gemäß Fensternorm EN 14351-1–Pkt. 7.3 folgende mandatierte Eigenschaften zu erklären: Schlagregendichtheit, Gefährliche Substanzen, Widerstandsfähigkeit gegen Windbeanspruchung, Tragfähigkeit für Sicherheitsvorrichtungen, Schallschutz, Wärmedurchgangskoeffizient, Strahlungseigenschaften und Luftdurchlässigkeit."[27]

Fenster, Fassaden und Außentüren unterliegen in der Bauproduktenverordnung je nach Anforderung und Leistung bestimmten Bewertungen, welche der Hersteller nachweisen muss. Früher als Konformitätssystem bezeichnet, sind jetzt Systeme zur Bewertung der Leistungsbeständigkeit (Assesment and Verification of Constancy Performance, AVCP) zu erfüllen.[28] Die Durchführung einer solchen Bewertung dient als Nachweis, dass das Bauprodukt auch wahrhaftig der harmonisierten Norm entspricht. Zu unterscheiden sind die anzuwendenden Systeme 1, 1+, 2+, 3 (für Fenster) und 4, welche in den harmonisierten Normen angegeben werden, und die jeweiligen Prüfungen.[29]

---

[22] Vgl. André Schneider: Zertifizierung im Rahmen der CE-Kennzeichnung, S.23

[23] Vgl. Sebastian Lach, Sebastian Pony: Produktsicherheitsgesetz, S.32

[24] Vgl. Kennzeichnung von Fenster und Türen gemäß Bauproduktenverordnung 2013, in http://www.ce-fix.de/Files/de/1.4.1%20Fragenkatalog%20CE.pdf (Stand:12.01.2015)

[25] Expertengespräch

[26] Vgl. https://www.bautipps.de/sites/default/files/pdf/hausbau1212_anforderungen_din_14351-1_fensternorm.pdf

[27] Wolfgang Schneider: „Schüco Partner, Kundeninformation Metallbau"

[28] Vgl. Ebd.

[29] Vgl. Stefan Oberdörfer: „Konformitätsbestätigung nach 1+- System", in https://arm.vdma.org/documents/105662/13741363/Basisinfos%20Konformit%C3%A4tsbest%C3%A4tigung.pdf/abedf0bf-7e1a-4c61-8c82-97c07c0dd283

System	Aufgaben des Herstellers				Aufgaben der notifizierten Stelle				
	WPK	Erstprüfung	Weitere Prüfungen	TT Typprüfung	TT Typprüfung	Erstinspektion des Werkes	Stichprobenprüfung	Laufende Fremdüberwachung	
1	x		x		x	x		x	
1+	x		x		x	x	x	x	
2+	x	x	x	x		x		x	
3	x				x				
4	x	x		x					

1.2.2.1 Prüfungen

Bei dem System 3 ist der Hersteller verpflichtet eine werkseigene Produktionskontrolle (WPK) durchzuführen und die Konformität des Fensters durch eine Typprüfung bei einem zugelassenen Prüfinstitut zu bestätigen, sodass er beweisen kann, dass die Fenster normgerecht angefertigt werden. [30] Die Bauproduktenverordnung beschreibt die werkseigene Produktionskontrolle als „die dokumentierte, ständige und interne Kontrolle der Produktion in einem Werk im Einklang mit den einschlägigen harmonisierten technischen Spezifikationen."[31] Die werkseigene Produktionskontrolle stellt somit sicher, dass die in der CE-Kennzeichnung deklarierten Eigenschaften eingehalten werden. Der Hersteller hat hierzu regelmäßig geeignete Verfahren einzusetzen und die Verpflichtung diese 10 Jahre zu dokumentieren. Wie die einzelne Eigenschaften geprüft werden müssen, können die Hersteller der Produktnorm entnehmen.[32]
Auf der Grundlage der vom Hersteller gezogenen Stichprobe, stellt anschließend eine notifizierte Stelle anhand einer Typprüfung den Produkttyp fest. Obwohl die CE-Kennzeichnung grundsätzlich vom Hersteller selbst zertifiziert wird, wird dennoch von zahlreichen europäischen Harmonisierungsvorschriften die Einbindung einer notifizierten Stelle vorgeschrieben.[33] Bei der Prüfung werden im Vorfeld die Fenstersysteme in Produktfamilien vom Hersteller gegliedert und in Absprache mit der notifizierten Stelle repräsentative Probekörper für komplette Fenstersysteme angefertigt, bei denen mindestens die mandatierten Eigenschaften geprüft werden. Dies sind Eigenschaften, zu denen auf jeden Fall bei der CE- Kennzeichnung Angaben gemacht werden müssen, nicht mandatierte Eigenschaften können im Bedarfsfall ausgewiesen werden. Die Prüfergebnisse der Typprüfung sind solange gültig, bis sich die Bedingungen nicht bedeutend ändern.[34] Die aufgezählten mandatierten Eigenschaften werden anschließend durch die entsprechende Leistungserklärung, welche die Übereinstimmung des Fensters mit der Produktnorm EN 1452-1 dokumentiert, erklärt.

1.2.2.2 Technische Dokumentation

Im Vorfeld einer Leistungserklärung ist der Hersteller zunächst verpflichtet, eine technische Dokumentation zu erstellen. In der Bauproduktenverordnung Artikel 1, Abs.1 heißt es „Die Hersteller erstellen als Grundlage für die Leistungserklärung (LE) eine technische Dokumentation und beschreiben darin alle wichtigen Elemente."
Zu der technischen Dokumentation gehören folgende Unterlagen:

---

[30] Vgl. Wolfgang Schneider: „Schüco Partner, Kundeninformation Metallbau"
[31] EU-BauPVO Nr. 305 / 2011 Art.2 Nr.26
[32] Vgl. Werkseigene Produktionskontrolle, in http://www.metallbau-magazin.de/artikel/mb_Werkseigene_Produktionskontrolle_1699895.html Stand: April 2013
[33] Vgl. Vgl. Sebastian Lach, Sebastian Pony, Produktsicherheitsgesetz, S.34
[34] Vgl. Thomas Vollmer: „Was in der ITT geprüft wird", in http://volmer-gutachten.de/was-in-der-itt-alles-geprueft-wird/ Stand: Oktober 2016

Die CE-Kennzeichnung

- „die Erklärung einer normkonformen werkseigenen Produktionskontrolle
- eine Auflistung der mit geltenden Dokumente, wie Montageanweisungen, Gebrauchs- und Sicherheitshinweise und ggf. REACH-Informationen
- die Zusammenfassung der Prüfberichte (TT)"[35]

Sowohl die technische Dokumentation als auch die Leistungserklärung werden vom Hersteller 10 Jahre ab dem Inverkehrbringen des Bauprodukts aufbewahrt.[36]

1.2.2.3 Leistungserklärung

Die Berechtigung für die Anbringung des CE-Kennzeichens bekommt der Hersteller erst, wenn er eine Leistungserklärung gemäß den Artikeln 4 und 6 in der Bauproduktenverordnung für die jeweiligen Bauprodukte erstellt hat. Ist keine Leistungserklärung vorhanden, so darf die CE-Kennzeichnung nicht angebracht werden.[37] Ab 1. Juli 2013 gilt, dass der Hersteller für jedes Bauprodukt, das von einer harmonisierten Norm erfasst ist , eine Leistungserklärung erstellen muss. Die Leistungserklärung löst die bisherige Konformitätserklärung ab.[38]

Die Leistungserklärung ist die Grundlage für die CE-Kennzeichnung eines Bauprodukts. Die EG-Konformitätserklärung beschränkte sich im Wesentlichen auf die Beschreibung des Produkts, die Angabe der Bestimmungen, sowie besondere Verwendungshinweise, wobei mit der Leistungserklärung die Pflichtangaben konkretisiert werden.[39] Mit der Leistungserklärung bringt der Hersteller demnach zum Ausdruck, dass die Eigenschaften der gelieferten Produkte der erklärten Leistung entsprechen. Mit der erklärten Leistung übernimmt der Hersteller somit nach Artikel 4 in der Bauproduktenverordnung die Verantwortung für die Konformität des Bauprodukts. Wenn keine objektiven Hinweise auf das Gegenteil vorliegen, dann gehen die Mitgliedstaaten davon aus, dass die vom Hersteller erstellte Leistungserklärung genau und zuverlässig ist.[40] Die Leistungserklärung enthält folgende Informationen:

- „Referenznummer des Produkttyps
- die Systeme zur Bewertung und Überprüfung der Leistungsbeständigkeit des Bauprodukts
- den Verwendungszweck beziehungsweise die Verwendungszwecke des Bauprodukts
- die erklärten Leistungen."[41]

Die Leistungserklärung ist in der Sprache, die im Verwendungsland gefordert wird, zu erstellen und zehn Jahre aufzubewahren. Auf der Grundlage der Angaben in der Leistungserklärung kann Letzen Endes das CE-Zeichen angebracht werden. Mit der erbrachten Leistungserklärung und dem Anbringen des CE-Zeichens übernimmt der Hersteller die Verantwortung für die in der Leistungserklärung dokumentierten Leistungswerte. Die Leistungserklärung wird dem Kunden in Papierform oder digital vom Hersteller zu Verfügung gestellt.[42] Auf Grundlage der Leistungserklärung darf schließlich das CE-Kennzeichen angebracht werden.

Bei der Anbringung des CE-Zeichens ist auf die Größe zu achten. Diese muss in einem angemessenen Verhältnis zu der Größe des Bauprodukts stehen. Die Proportionen des CE-Zeichens müssen stets eingehalten werden (siehe Abbildung 2). Außerdem ist drauf zu achten, dass das CE-Kennzeichen gut sichtbar, leserlich und dauerhaft auf dem Bauprodukt oder einem daran befestigten Etikett angebracht wird. Falls dies auf gewissen Produkten nicht möglich ist, wird das CE-Zeichen auf der Verpackung oder den Begleitunterlagen angebracht.[43]

---

[35] Dipl. Ing. MBA Andreas Woest, Dipl. Ing. Jürgen Benitz Wildenburg: „Bauproduktenverordnung im Überblick", in https://www.ift-rosenheim.de/documents/10180/190267/BauPVO_Praxistipps.pdf/6bbf5690-a1bd-48f3-b6f2-321931f16916
[36] Vgl. EU-BauPVO Nr. 305 / 2011 Art.11 Abs. 2
[37] Vgl. BauPVO Art.8 Abs. 2
[38] Vgl. EU-BauPVO Nr. 305 / 2011
[39] Vgl. https://www.divb.org/wp-content/uploads/2014/05/Leistungserkl%C3%A4rung.pdf Stand: 22. November 2017
[40] Vgl. BauPVO, Art. 4, Abs.3
[41] http://eur-lex.europa.eu/legal-content/DE/TXT/?uri=legissum:mi0078 Stand. 23.11.2017
[42] Vgl. Ebd
[43] Vgl BauPVO Art. P Abs. 1

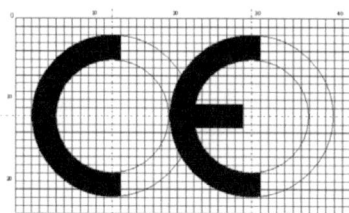

Abbildung 3 Die CE-Kennzeichnung

1.2.3 Nichteinhaltung einer vorgeschriebenen CE-Kennzeichnung

Mit der CE-Kennzeichnung eines Produktes erklärt der Hersteller, dass die Konformität des Produkts mit den harmonisierten Normen überprüft wurde, und alle Konformitätsbewertungsverfahren durchgeführt wurden. Wenn das kennzeichnungspflichtige Bauprodukt, welches in Deutschland in den Verkehr gebracht wurde, nicht mit einem CE-Zeichen versehen ist, liegt nach §434 Abs. 1 BGB ein Mangel vor.[44] Laut dem Urteil des Landgerichts Mönchengladbach im Juni 2015 ist der Unternehmer verpflichtet, seine Arbeiten so auszuführen, dass die öffentlich-rechtlichen Vorschriften eingehalten werden. Das Fehlen der CE-Kennzeichnung könnte folgende Konsequenzen für den Unternehmer haben:
- Auftraggeber verweigern die Zahlung für das mangelhafte Produkt

-Versicherungen verweigern ihre Zahlungsverpflichtung im Schadenfall

-Bauverzögerungen können auftreten und zu einer Vertragsstrafe führen

- Geldbußen der Ordnungsbehörden bis zu 100.000€

-Baustopp durch die Bauaufsicht. [45]

1.3 DAS RAL Gütezeichen.

Heutzutage ist für jedes Produkt eine Menge von unterschiedlichen Angeboten vorhanden. Dem Bauherren fällt es aufgrund des hohen Angebots immer schwerer, eine passende Auswahl für das jeweilige Bauprodukt zu treffen. Interessiert sich der Bauherr für ein qualitativ hohes und langlebiges Produkt, dann ist das RAL-Gütezeichen eine gute Orientierungshilfe.[46] Mit dem RAL-Gütezeichen gehen Verbraucher auf Nummer sicher, denn im Gegensatz zum CE-Zeichen ist das RAL-Gütezeichen ein Qualitätszeichen, welches bei der Auswahl, bezogen auf die Qualität und Langlebigkeit eines Bauproduktes, für den Verbraucher als Entscheidungshilfe dient.[47] Das RAL-Gütesiegel vergewissert dem Bauherren, dass das erworbene Produkt „lange hält und umweltverträglich ist, es leicht bedient werden kann und zuverlässig funktioniert, das Personal des Lieferanten und Dienstleisters kompetent und technisch auf dem neuesten Stand ist."[48] Unternehmen dürfen das RAL Gütezeichen erst dann nutzen, nachdem ihr Produkt gründlich geprüft wurde. Die Produkte werden sowohl vom Unternehmen selbst, als auch von neutralen Prüfinstitutionen regelmäßig überwacht. Unterschiedliche Institutionen, wie z.B. Verbraucherorganisationen, Wirtschaftsverbände oder Prüfeinrichtungen stellen sicher, dass die Güte- und Prüfbe-

---

[44] Vgl. S. Schönewald: „Fehlende CE-Kennzeichnung von Baumaterialien", in https://www.hwk-koeln.de/32,0,659.html

[45] Vgl. „Rechtliche Konsequenzen einer fehlenden CE-Kennzeichnung", in http://metallbauinnung-aachen.de/aktuelles/2016/04/19/rechtliche-konsequenzen-einer-fehlenden-ce-kennzeichnung/

[46] Vgl. „Was ist RAL Gütesicherung?", in https://www.window.de/guetegemeinschaft-fenster/unsere-themen/was-ist-ral-guetesicherung/

[47] Vgl. „RAL Gütezeichen, in https://www.drinkuth.de/service/ral-guetezeichen/

[48] Ebd.

stimmungen alle Aspekte umfassen, die für die Nutzung eines Produkts oder einer Leistung relevant sind. Des weiteren überwachen sowohl die Unternehmen selbst als auch neutrale Prüfinstitutionen, dass diese Kriterien eingehalten werden.[49]

Das RAL Gütezeichen bietet somit den Vorteil gegenüber anderen Kennzeichnungen, dass regelmäßig neutrale Überwachungen durch unterschiedliche Institute, z.B. bei Fenstern durch das Institut für Fenstertechnik in Rosenheim, durchgeführt werden. Mit der Prüfung wird die Einhaltung der strengen Güte- und Prüfbestimmungen sicher gestellt. Bei einer Entscheidung für ein Bauprodukt mit RAL Gütezeichen wird dem Verbraucher gewährleistet, dass die Fenstermontage dem neuesten Stand der Technik entspricht und eine regelmäßige Überprüfung stattfindet, die eine Einhaltung der vorgeschriebenen Standards sicherstellt.[50]

---

[49] Vgl.Thomas Roßbach: „Eigenüberwachung+Neutrale Prüfung" in, https://www.ral-guetezeichen.de/ral-guetezeichen-eigenueberwachung-neutrale-pruefung/

[50] Vgl. RAL Gütezeichen-Qualität für ihre Fenster, in https://www.energieheld.de/fenster/ratgeber/ral-siegel-guetezeichen

Glossar

- harmonisierten Normen
  „Als harmonisierte Normen im Sinne des neuen Konzepts werden die europäischenNormen angesehen, die europäische Normenorganisationen (CEN; CENELEC; ETSI) der europäischen Kommission formell vorlegen und die in deren Auftrag erarbeitet wurden (mandatierte Norm)"[51]

- Handelshemmnissen
  „Handelshemmnisse sind Maßnahmen zum Schutz inländischer Produktionen vor der ausländischen Konkurrenz. Dieser Vorgang wirkt sich hemmend auf den Diensleistungs. Und Warenhandel zweier Länder aus."[52]

- Konformität
  „Übereinstimmung eines Messgeräts mit der gesetzlich geregelten Norm"[53]

---

[51] „Europäische Harmonisierung der Normen", in http://www.druckgeraete-online.de/seiten/nor_intro.htm

[52] „Handelshemnisse", in http://www.bwl-wissen.net/definition/handelshemmnisse

[53] https://www.duden.de/rechtschreibung/Konformitaet

Quellenverzeichnis

Fachliteratur

Schneider, André: Zertifizierung im Rahmen der CE-Kennzeichnung, 3., neu bearbeitete Auflage, VDE Verlag, Berlin, Offenbach (2012)

Lach, Sebastian, Polly, Sebastian: Produktsicherheitsgesetz, Leitfaden für Hersteller und Händler, Springer Gabler Verlag, Wiesbaden (2012)

Krey, Volker, Kapoor, Arun: Praxisleitaden Produktsicherheitsrecht, 2., vollständig überarbeitete und erweiterte Auflage, Hanser Verlag München Wien (2015)

Internetquellen

https://www.baulinks.de/webplugin/2004/0445.php4
https://www.cmshs-bloggt.de/oeffentliches-wirtschaftsrecht/qualitaet-ohne-ue-zeichen-ist-das-moeglich/
https://www.eurofins.com/consumer-product-testing/information/compliance-with-law/european-national-legislation/german-voc-regulation/german-voc-regulation-german-version/agbb-und-dibt/das-%C3%BC-zeichen/
https://www.umweltbundesamt.de/sites/default/files/medien/378/publikationen/umwelt-_und_gesundheitsvertraegliche_bauprodukte.pdf
http://www.dibt.de/de/Geschaeftsfelder/BRL-TB.html
https://www.eurofins.com/consumer-product-testing/information/compliance-with-law/european-national-legislation/german-voc-regulation/german-voc-regulation-german-version/agbb-und-dibt/dibt-und-%C3%BC-zeichen-ablaeufe/
https://www.dibt.de/de/DIBt/DIBt-EuGH-Urteil.html
http://www.dibt.de/de/DIBt/Rechtsgrundlagen.html
http://www.pro-kunststoff.de/wp-content/uploads/2013/05/080201tm-06_ce-zeichen.pdf
https://www.dibt.de/de/Fachbereiche/Referat_P3_Neues_EU-Recht.html
http://www.baustoffwissen.de/wissen-ausbildung/praxis-ratgeber/allgemeines/ce-und-ue-was-bedeuten-diese-zeichen-auf-bauprodukten-bauproduktenverordnung-ce-kennzeichen-uebereinstimmungszeichen/
https://arm.vdma.org/documents/105662/13741363/Basisinfos%20Konformit%C3%A4tsbest%C3%A4tigung.pdf/abedf0bf-7e1a-4c61-8c82-97c07c0dd283
https://www.bautipps.de/sites/default/files/pdf/hausbau1212_anforderungen_din_14351-1_fensternorm.pdf
http://www.ce-fix.de/Files/de/1.4.1%20Fragenkatalog%20CE.pdf
http://volmer-gutachten.de/was-in-der-itt-alles-geprueft-wird/
http://www.metallbau-magazin.de/artikel/mb_Werkseigene_Produktionskontrolle_1699895.html
https://www.divb.org/wp-content/uploads/2014/05/Leistungserkl%C3%A4rung.pdf
https://www.ift-rosenheim.de/documents/10180/190267/BauPVO_Praxistipps.pdf/6bbf5690-a1bd-48f3-b6f2-321931f16916
https://www.hwk-koeln.de/32,0,659.html
http://eur-lex.europa.eu/legal-content/DE/TXT/?uri=legissum:mi0078
https://www.energieheld.de/fenster/ratgeber/ral-siegel-guetezeichen
https://www.ral-guetezeichen.de/ral-guetezeichen-eigenueberwachung-neutrale-pruefung/
https://www.drinkuth.de/service/ral-guetezeichen/
https://www.window.de/guetegemeinschaft-fenster/unsere-themen/was-ist-ral-guetesicherung/

Quellenverzeichnis

http://metallbauinnung-aachen.de/aktuelles/2016/04/19/rechtliche-konsequenzen-einer-fehlenden-ce-kennzeichnung/

https://www.ral-guetezeichen.de/gz-einzelansicht/?gz=gz_695

http://www.druckgeraete-online.de/seiten/nor_intro.htm

http://www.bwl-wissen.net/definition/handelshemmnisse

https://www.duden.de/rechtschreibung/Konformitaet

BEI GRIN MACHT SICH IHR WISSEN BEZAHLT

- Wir veröffentlichen Ihre Hausarbeit, Bachelor- und Masterarbeit

- Ihr eigenes eBook und Buch - weltweit in allen wichtigen Shops

- Verdienen Sie an jedem Verkauf

Jetzt bei www.GRIN.com hochladen und kostenlos publizieren